LEVEL
1

사이언스 리더스

나비의
한살이

로라 마시 지음 | 송지혜 옮김

 비룡소

로라 마시 지음 | 20년 넘게 어린이책 출판사에서 기획 편집자, 작가로 일했다. 내셔널지오그래픽 키즈의 「사이언스 리더스」 시리즈 가운데 30권이 넘는 책을 썼다. 호기심이 많아 일을 하면서 책 속에서 새로운 것을 발견하는 순간을 가장 좋아한다.

송지혜 옮김 | 부산대학교에서 분자생물학을 전공하고, 고려대학교 대학원에서 과학언론학으로 석사 학위를 받았다. 현재 어린이를 위한 과학책을 쓰고 옮기고 있다.

내셔널지오그래픽 키즈 사이언스 리더스
LEVEL 1 나비의 한살이

1판 1쇄 찍음 2025년 1월 20일 **1판 1쇄 펴냄** 2025년 2월 20일
지은이 로라 마시 **옮긴이** 송지혜 **펴낸이** 박상희 **편집장** 전지선 **편집** 임현희 **디자인** 천지연
펴낸곳 (주)비룡소 **출판등록** 1994.3.17.(제16-849호) **주소** 06027 서울시 강남구 도산대로1길 62 강남출판문화센터 4층
전화 02)515-2000 **팩스** 02)515-2007 **홈페이지** www.bir.co.kr **제품명** 어린이용 반양장 도서 **제조자명** (주)비룡소
제조국명 대한민국 **사용연령** 3세 이상 **ISBN** 978-89-491-6906-4 74400 / ISBN 978-89-491-6900-2 74400 (세트)

사진 저작권 NGIC=National Geographic Image Collection; NGYS=National Geographic Your Shot; SS=Shutterstock
Cover, Ralph A Clevenger/Photolibrary; 1, James Urbach/SuperStock; 2, FotoVeto/SS; 4 (UP), George D. Lepp/Getty
Images; 4 (LO), Christian Musat/SS; 5, Le Do/SS; 6 (LE), ethylalkohol/SS; 6 (RT), fotohunter/SS; 7 (UP LE), First Light/
Getty Images; 7 (UP RT), ArtisticPhoto/SS; 7 (LO RT), Jens Stolt/SS; 8 (UP), M. Williams Woodbridge/NGIC; 8 (LO),
Carolyn Pepper/NGYS; 9 (UP), Steve Irvine/NGYS; 9 (LO), Cathy Keifer/SS; 10, Darren5907/Alamy Stock Photo; 11 (UP),
Alex Wild; 11 (UP CTR), Michael & Patricia Fogden; 11 (LO CTR), Danita Delimont/Getty Images; 11 (LO), Ingo Arndt/Foto
Natura/Minden Pictures/NGIC; 12, Papilio/Alamy Stock Photo; 13, Gerry Ellis/Minden Pictures/NGIC; 14, Nigel Cattlin/
Alamy Stock Photo; 16, Cathy Keifer/iStockphoto; 18, M. Williams Woodbridge/NGIC; 19, M. Williams Woodbridge/ NGIC;
20, Awei/SS; 22 (UP), Murugesan Anbazhagan/NGYS; 22 (CTR), Robert Shantz/Alamy Stock Photo; 22 (LO), WitR/SS; 22-
23, maxstockphoto/SS; 23 (UP), Jaime Wykle/NGYS; 23 (CTR), James Laurie/SS; 23 (LO), The Natural History Museum/
Alamy Stock Photo; 24 (UP), Christian Meyn/NGYS; 24 (LO), Charles Melton/Visuals Unlimited; 25, Gary Meszaros/Visuals
Unlimited; 26, gracious_tiger/SS; 27, Hans Christoph Kappel/Nature Picture Library; 28, Gay Bumgarner/Alamy Stock
Photo; 29, Alivepix/SS; 30 (LE), Visuals Unlimited, Inc./Robert Pickett/Getty Images; 30 (RT), April Moore/NGYS; 31 (UP
LE), TessarTheTegu/SS; 31 (LO LE), David Plummer/Alamy Stock Photo; 31 (UP RT), Konstantnin/SS; 31 (LO RT), Renant
Cheng/NGIC; 32 (UP LE), Cathy Keifer/iStockphoto; 32 (LO LE), Joe Petersburger/NGIC; 32 (UP RT), nodff/SS; 32 (LO
RT), Christian Meyn/NGYS; header, NuConcept/SS

이 책의 차례

깜짝 동물 퀴즈!

알에서 깨어나서,

다리 여러 개로 기어다니다가,

날개를
펼쳐 훨훨
나는 것은?

맞아,
나비야!

아름다운 나비

나비는 정말 아름다워! 나풀나풀 날갯짓을 하며 꽃밭을 누비지. 어떤 나비는 색이 알록달록 화려해. 또 어떤 나비는 뚜렷한 무늬가 있단다.

나비의 대변신!

나비의 변신은 참 신비로워. 나비는 다 자랄
때까지 모습을 여러 번 바꾸거든. 함께
나비의 놀라운 **한살이**를 만나 볼까?

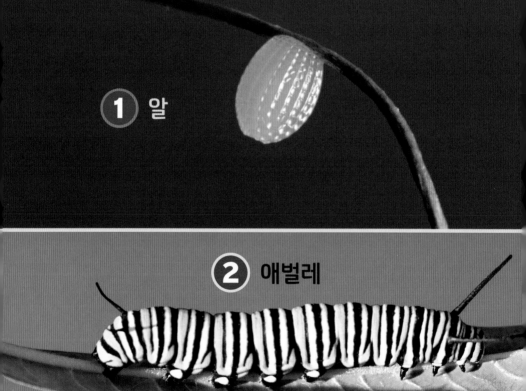

1 알

2 애벌레

③ 번데기

④ 나비

제왕나비

나비 용어 풀이

한살이: 동물이나 식물이
나고 자라서 자손을 남기고
죽을 때까지의 과정.

1 알

어미 나비는 잎이나
나뭇가지 위에 알을
낳아. 알에서 나온
애벌레는 주변의 잎을
먹고 쑥쑥 자라지.

나비의 알은 모양이
여러 가지야.

말레이시아에그플라이나비가
나뭇잎에 노란색 알을
잔뜩 낳았어!

2 애벌레

며칠이 지나면 조그만 애벌레가 알을
뚫고 꼬물꼬물 기어 나와. 막 세상에 나온
애벌레는 배가 몹시 고파. 꼬르륵…….

애벌레는 자기가 나온 알껍데기를 야금야금
먹어 치워. 그다음 주변에 있는 잎을 갉아
먹지. 다 먹으면 또 다른
잎을 먹으러 간단다!

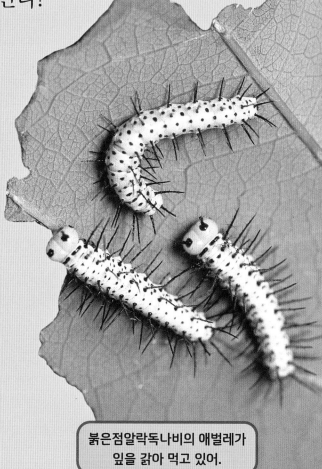

붉은점알락독나비의 애벌레가
잎을 갉아 먹고 있어.

애벌레는 나뭇잎을 먹고 무럭무럭 자라. 어느새 몸을 감싼 껍질이 몸에 맞지 않게 되었지 뭐야! 애벌레는 작아진 **허물**을 벗어. 허물은 곤충이 자라면서 벗는 껍질이란다.

허물을 벗고 나온 배추흰나비 애벌레

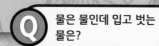

배추흰나비 애벌레가 벗은 허물

애벌레의 새로운 껍질은 한동안 몸에 꼭
맞아. 하지만 또 쑥쑥 자라서 금세 껍질이
작아져 버려. 애벌레는 자라는 동안 허물을
이렇게 네다섯 번 벗는대.

제왕나비 애벌레

3 번데기

어느 정도 자란 애벌레는 나뭇가지에 거꾸로

매달려. 그러고 나서 마지막으로 허물을 벗어.

우아, 애벌레가 번데기로 변하는 모습이야.

애벌레는 이제 입에서 실을 뽑아내. 그 실로
몸을 꽁꽁 묶어서 단단한 번데기가 되지.
번데기는 열흘쯤 꼼짝 않고 한자리에 머물러.

④ 나비

앗, 번데기가
움직여! 등 쪽이
갈라지더니 다
자란 나비가 쑤욱
빠져나와. 이 나비의
날개는 구깃구깃하고
축축해.

번데기에서 막 나온 줄리아나비

날개 속에 피가 흐르기 시작하면 날개가
조금씩 펴지면서 빳빳해지지. 이제 날개가 다
마른 것 같아. 훨훨 날아갈 수 있겠어!

나비야, 만나서 반가웠어. 잘 가렴!

냠냠, 식사 시간이야!

나비는 먹이를 애벌레처럼 오물오물
먹지 않아. 나비의 입은 애벌레랑 다르게
생겼거든.

나비는 꽃에서 **꽃꿀**을 쪽쪽 빨아 먹어.
열매에서 나오는 즙도 쭉쭉 빨아들이지.
대롱 모양의 입을 빨대처럼
쓰는 거야.

쪼오옥 쫍, 달콤해라!

나비 용어 풀이

꽃꿀: 꽃에 들어 있는 달콤한 액체.

대롱: 속이 비어 있는 둥근 막대기.

6 나비에 관한 가지 멋진 사실

세계에서 가장 작은
나비의 이름은
'웨스턴피그미블루'야.
날개를 활짝 펴도 겨우
어른 엄지손톱만 하지.

1

나비의 날개는 아주아주
조그만 비늘들로 덮여 있어.

2

3

나비는 전 세계
어디에나 살아. 남극과
엄청나게 메마른
사막만 빼고 말이야!

22

4

전 세계에는 나비가 2만 종 가까이 살고 있어.

5

나비는 입뿐 아니라 발로도 맛을 느낀다는 말씀! 음, 다디단 꽃꿀!

6

세계에서 가장 큰 나비는 알렉산더비단나비야. 날개를 다 편 길이가 무려 30센티미터 자와 비슷해!

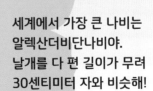

꼭꼭 몸을 지켜라!

애벌레와 나비는 **포식자**가 좋아하는 맛난 먹잇감이야. 그래서 자기 몸을 지키려고 **보호색**으로 포식자를 속이거나 독을 지녀.

어떤 나비는 감쪽같은 보호색으로 몸을 숨겨.

나무껍질에 몸을 숨긴 나뭇결네발나비

미국호랑나비의 애벌레

어떤 애벌레는 치명적인 독을 지니고 있어. 먹으면 큰일 난다고!

또 어떤 애벌레는 마치 다른 동물처럼 보이기도 해. 여기 구름무늬북미제비나비의 애벌레 좀 봐! 꼭 뱀 같잖아?

나비 용어 풀이

포식자: 다른 동물을 사냥해서 잡아먹는 동물.

보호색: 적을 속이려고 주위와 비슷해 보이게 한 몸의 색이나 무늬.

나비일까, 나방일까?

나비

더듬이가 가늘고, 끝이 살짝 둥글어.

몸이 날씬해.

날개의 색과 무늬가 다양해.

주로 낮에 활동해.

나비와 나방은 비슷하게 생겼어. 하지만 몇

가지 다른 점이 있지. 그게 뭐게?

나방

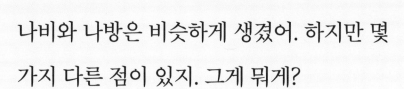

더듬이가 깃털
모양이거나 끝이 뾰족해.

몸이 통통하고 털이
부숭부숭 나 있지.

대개 갈색이나
황토색, 흰색을 띠어.

주로 밤에 활동하지.

나비를 키워 볼까?

만약 집에 마당이나 작은 정원이 있다면 나비를 키워 볼 수 있지. 그런데 잠깐! 나비를 잘 키우려면 먼저 어른에게 도움을 구하는 게 좋겠지?

꽃꿀을 빨고 있는 호랑나비

나비를 키울 때 필요한 것들

✓ 우리 동네에서 자라는 다양한 식물

✓ 서로 다른 때에 피는 꽃들

✓ 주황색, 보라색, 노란색, 분홍색, 빨간색 꽃들

✓ 옹기종기 한데 모여서 피는 꽃

✓ 꽃잎이 활짝 펼쳐지는 꽃

✓ 햇볕이 잘 들고, 나비가 쉴 만한 장소

✓ 나비가 물을 마실 수 있는 곳

✓ 농약을 뿌리지 않은 꽃 (농약 때문에 나비와

애벌레가 죽을 수도 있으니까.)

사진 속에 있는 건 무엇?

나비와 관련된 것들을 아주 가까이에서 찍은 사진이야. 사진 아래 힌트를 읽고, 오른쪽 위의 '단어 상자'에서 알맞은 답을 골라 봐. 정답은 31쪽 아래에 있어.

힌트: 애벌레가 이 안에서 깨어나.

힌트: 이 속에서 애벌레는 근사한 나비가 돼.

단어 상자

애벌레, 날개, 번데기, 알, 더듬이, 보호색

3

힌트: 이것은 하루 종일 주변의
잎을 먹어 치워.

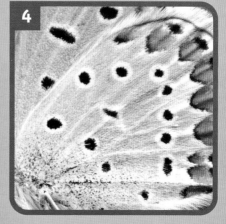

4

힌트: 나비의 이것은 아주아주
작은 비늘들로 덮여 있어.

5

힌트: 주위와 비슷한 몸 색깔과 무늬로
포식자를 속이는 거야.

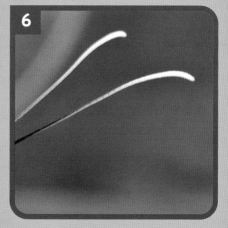

6

힌트: 나비의 머리에는 가늘고 끝이
둥근 이것이 달려 있어.

한살이
동물이나 식물이 나고 자라서
자손을 남기고 죽을 때까지의 과정.

꽃꿀
꽃에 들어 있는 달콤한 액체.

이 용어는
꼭 기억해!

포식자
다른 동물을 사냥해서 잡아먹는
동물.

보호색
적을 속이려고 주위와 비슷해
보이게 한 몸의 색이나 무늬.